RAPPORT

SUR

UN NOUVEL ENGRAIS,

Présenté a la Société Royale d'Agriculture, Histoire Naturelle et Arts utiles de Lyon, dans sa Séance du 9 Janvier 1819, par une Commission composée de MM. *Rey-Monléan*, *Leroy-Jolimont*, le docteur *Saissy*, *Deschamps* père, *Barre*, *Madiot*, le docteur *Terme*, et *Grognier*, Rapporteur.

Le bien labourer et le bien fumer, c'est tout le secret de l'Agriculture. (Oliv. de Serres.)

A LYON,

De l'imprimerie de J. M. Barret, place des Terreaux.

1819.

RAPPORT

SUR

UN NOUVEL ENGRAIS,

Présenté a la Société Royale d'Agriculture, Histoire Naturelle et Arts utiles de Lyon, dans sa Séance du 9 Janvier 1819, par une Commission composée de MM. *Rey-Monléan*, *Leroy-Jolimont*, le docteur *Saissy*, *Deschamps* père, *Barre*, *Madiot*, le docteur *Terme*, et *Grognier*, Rapporteur.

Messieurs,

Une note, relative à un engrais récemment introduit dans quelques domaines voisins de cette ville, vous ayant été soumise, le 10 avril dernier, vous en jugeâtes l'objet d'une assez haute importance pour en renvoyer l'examen approfondi à une Commission permanente. Vous chargeâtes cette Commission de se livrer, même pendant les féries, à une suite de recherches et d'observations sur la nature de ce nouvel engrais, sur son origine, sa manière d'agir, son analogie avec des engrais connus, sur-tout sur son efficacité. Votre Commission n'a pas pu recueillir un assez grand nombre de données pour résoudre entièrement ces différentes questions. Elle vous prie de considérer qu'il est bien peu de procédés agricoles dont on puisse apprécier les avantages et les inconvéniens après quelques mois seuls d'observation; et que d'ailleurs, les premiers essais de la méthode agronomique qui fait l'objet de ce rapport ont été contrariés par la longue et brûlante sécheresse qui a signalé l'année qui vient de finir. Cette circonstance météorologique extraordinaire a été défavorable à la fabrication des engrais liquides et à leur effusion sur le sol. Elle a dû, par la même raison, rendre presque nul, du moins jusqu'aux derniers jours de l'automne, l'usage si heureusement répandu autour de Lyon, du riche engrais puisé dans les fosses d'aisance avec lequel on compare celui qui vient d'être introduit.

Ainsi, Messieurs, le temps n'est pas encore venu de publier, sur ce nouvel engrais, les documens détaillés, l'instruction précise qu'attendent de vous un grand nombre d'agriculteurs, avant de se déterminer à adopter cette innovation importante.

Mais quand bien même le nouvel engrais n'aurait pas la force et l'activité qu'on lui suppose ; quand on ne pourrait le comparer à la gadoue (1), qu'on a prétendu lui être inférieure, quand il ne serait qu'un compost comme ceux qu'on fabrique en certains endroits dans des puisards, des trous ou fosses à fumier, etc., son usage serait toujours une précieuse amélioration agricole, puisqu'après tout, c'est un fumier de plus, qui n'empêche la production d'aucun autre, qu'on peut se procurer par-tout, en grandes masses, et avec beaucoup d'économie.

Ce nouvel engrais, fût-il, comme le dit M. *Bosc* (2), usité dans plusieurs parties de la France, de la Suisse, de l'Allemagne, on ne pourrait pas du moins disconvenir, selon le même agronome, qu'il ne soit trop peu connu, sur-tout trop peu pratiqué ; que, par consé-

---

(1) *Gadoue* dérive évidemment de *Cagadoue*, qui signifie en provençal *Latrines*, *Garderobe*. Cette matière est appelée généralement *Gandouze* dans le Dauphiné et le Lyonnais.

(2) Dans une remarque judicieuse que lui a suggérée la note sur cet engrais, à laquelle la Société royale et centrale a donné un honorable publicité.

quent il ne soit très-important d'en propager la connaissance et d'en recommander l'usage.

Procédé de M. *Chédecalle.*

Tel a été le but de la note informe qui vous fut soumise le 10 avril dernier et dont vous me permettrez de vous rappeler l'objet. Vous y avez vu que M. *André Chédecalle*, cultivateur à *Brosses*, hameau de *Bron*, avait creusé sous un hangard, voisin de ses écuries, une grande fosse de vingt-deux pieds de longueur sur douze de largeur, et neuf de profondeur, et qu'après l'avoir solidement bétonnée, il y avait introduit les matières suivantes : 1.° Une masse de fumier équivalente à huit ou dix chars de deux chevaux ; 2.° vingt bichets de légumes de lupin, appelé dans le pays, *pois de loup* (*Lupinus Albus*) ; 3.° les résidus de sa cuisine et de sa basse-cour ; 4.° quarante quintaux de plâtre, valant quatre-vingt dix francs ; 5.° une masse d'eau bourbeuse, six ou sept fois plus considérable que celle des matières solides réunies. Vous avez vu de quelle manière M. *Chédecalle* conduit sa fosse : lorsqu'il y a fait entrer deux ou trois pieds d'eau, il y jette du fumier d'étable, des résidus de basse-cour, de mauvaises herbes, du lupin ; ces substances végétales surnagent l'eau ; on les recouvre de plâtre, dont le poids les précipite au fond ; on verse encore de l'eau, et on réitère la stratification. On peut la réitérer plusieurs fois, jusqu'à ce que la fosse soit pleine aux trois quarts. On la recouvre alors de planches entrecroisées. La fermentation s'y établit; les matières solides qui étaient au fond de l'eau s'élèvent à la surface, et forment une espèce de chapeau qui prend de la consistance; il en résulte une voûte qui, empêchant l'exhalation des gaz, conserve à l'engrais tous ses principes fertilisans, et prévient l'infection de l'air.

Cet engrais peut, selon M. *Chédecalle*, être employé au bout de deux mois de fermentation; mais il n'a toute son activité qu'au bout de six. Son efficacité me fut démontrée par la comparaison que je fis d'une partie de champ de blé sur lequel on l'avait répandu, avec une autre partie qui avait reçu du fumier d'écurie, selon la méthode ordinaire. La première partie de ce champ m'avait offert une végétation plus vigoureuse que l'autre, quoique le sol fût par-tout le même, par-tout ingrat et presque entièrement composé de sable et de gravier.

Ces détails vous furent confirmés, Messieurs, par votre Commission à laquelle s'adjoignirent MM. *de Martinel*, *de Lachapelle* et *de St-Didier*, et qui se rendit sur les lieux peu de jours après la séance où la note relative au nouvel engrais vous avait été soumise.

Examen chimique du nouvel engrais; par M. *Barre*.

L'un des membres de cette Commission, M. *Barre*, s'étant livré à quelques recherches sur la nature chimique de cet engrais, il s'est assuré que sa partie liquide se composait d'eau, de matière muqueuse extractive en quantité considérable, d'acide carbonique, d'hydrogène carboné, d'hydrogène sulfuré, de fécule colorante, de sulfate de chaux, de sulfure calcaire, en petites proportions, d'hydroclorate de soude, et d'une certaine quantité de matière végétale non décomposée. Quant à la partie solide, elle contient, en outre des principes reconnus dans le fumier d'écurie par *Kirwan* et *Hassenfratz*, une grande quantité de sulfate calcaire qui n'a pu être décomposé, ni dissous, ni tenu en suspension dans le liquide muqueux. Notre collègue ne s'est pas dissimulé que son essai analytique ne laissât beaucoup à désirer, notamment la désignation précise des proportions respectives des élémens qui y sont indiqués ; il aurait eu besoin, pour arriver à cette connaissance, d'instrumens qui n'étaient point à sa disposition. D'ailleurs, quand bien même il aurait pu appliquer à l'examen de cet engrais, et avec la sagacité qu'on lui connaît, les appareils chimiques les plus sensibles et les plus exacts, il n'en aurait déterminé la nature que telle qu'elle était au moment de son opération. Or, comme il l'a très-bien fait observer, la nature d'un fumier quelconque varie beaucoup, non-seulement à raison des substances jamais absolument les mêmes qui le constituent ; mais encore à raison du temps que ces substances, mises en contact, ont agi et réagi les unes sur les autres, sous l'influence d'un grand nombre de circonstances difficiles à déterminer. C'est ainsi que la vraie gadoue, lorsqu'elle a fermenté et vieilli est loin d'offrir les principes chimiques reconnus dans les excrémens humains par MM. *Proust*, *Vauquelin* et *Berzelius*. Elle contient alors en grande abondance cet extractif muqueux, base des plus riches fumiers, selon M. *Bosc*, et d'autres agronomones également distingués, extractif muqueux qui paraît être à peu près identique dans la gadoue artificielle. Cette dernière renferme de plus un autre principe éminemment fertilisant ; c'est le plâtre.

Expériences de M. *Rey-Monléan.*

M. *Rey-Monléan*, membre de la Commission, s'est recrié contre la fétidité de la gadoue artificielle, dont il a d'ailleurs reconnu l'énergie par sa propre expérience ; il a mis dans un foudre défoncé, du fumier frais de litière, du plâtre et de l'eau. La quantité du plâtre étoit le quart de celle du fumier, et les matières solides composaient les deux tiers de la masse. Au bout d'un mois de fermentation, on a tiré de ce tonneau une matière liquide avec laquelle on a arrosé des orangers et des planches de céléri ; il en est résulté une vigueur de végétation bien supérieure à celle que détermine le fumier d'écurie le plus consommé. Le plâtre avait fait une croûte qu'on a percée pour introduire une nouvelle quantité d'eau ; elle s'est putréfiée au bout de dix-huit jours, et elle est devenue fétide au point d'incommoder le voisinage. Son effet, comme engrais a été fort remarquable. Du fumier nouveau a été mis ensuite dans le foudre, en quantité moindre ; on n'a point ajouté de plâtre, et l'on a retiré un fumier tout aussi bon que les précédens, quoique beaucoup moins fétide. Dans une cinquième expérience, du terreau a été ajouté aux matières indiquées ci-dessus ; la fermentation a été moins active, le produit encore moins fétide et l'effet tout aussi fertilisant.

M. *Rey-Monléan* continue ses expériences, et craignant toujours la fétidité, et ce qu'il appelle l'insalubrité de l'engrais liquide, il cherche à faire avec le fumier de litière, la chaux vive, la terre légère, etc. des composts dans lesquels il espère de trouver tous les avantages de la gadoue artificielle, sans ses inconvéniens. Il propose la formule qui suit :

30 tombereaux de terre légère.

2 tombereaux de fumier de litière frais, qu'on peut suppléer par des herbes à demi pourries.

On forme, couche par couche, un tas qu'on arrose avec une dissolution de 150 liv. de chaux vive, et de 50 liv. de sel ordinaire dans suffisante quantité d'eau. On laisse fermenter pendant quinze jours, et l'on obtient un fumier excellent qui ne revient qu'à dix ou douze sous le tombereau.

Expériences de M. *Deschamps* père.

M. *Deschamps* père, préfère la formule suivante, dont le résultat est un engrais liquide.

Eau pure, 6 tonneaux, (18 hectolitres.)

Fumier pourri, 2 brouettes, (env. 200 liv.)

Plâtre, 30 liv.

On remue et on laisse fermenter seulement pendant 17 à 20 jours.

Notre confrère a répandu ce mélange sur du blé, sans autre engrais, dans la proportion de cinq tonneaux par bicherée, le succès a été très-satisfaisant, et il se propose de répéter son expérience sur la fin de février prochain. Il n'a pas, comme M. *Rey-Monléan*, trouvé insupportable l'odeur de ce fumier, sans doute parce qu'il y avait fait entrer plus d'eau et moins de plâtre.

N'en serait-il pas de la gadoue artificielle, comme de la plupart des médicamens officinaux qu'on peut formuler, sans inconvéniens, de différentes manières ; dont on peut conserver l'efficacité, tout en rendant leur mode de composition et d'administration plus ou moins facile, plus ou moins économique, plus ou moins incommode.

Ce problême peut être résolu par des expériences nombreuses qu'il vous appartient de provoquer, et dont vous devez recueillir soigneusement les résultats. C'est ainsi, Messieurs, que vous prendrez la plus utile et la plus honorable initiative à l'une des plus belles améliorations dont l'agriculture puisse s'enrichir.

Recette de M. *Petrequin.*

Voici de quelle manière M. *Petrequin* l'aîné, agriculteur très-habile, dans le département de l'Isère, propose de composer la gadoue artificielle.

Mêlez dans une fosse couverte :

1.° Un voyage de fumier, à trois chevaux, bien consommé, à l'abri du contact de l'air;

2.° Trois bichets de lupin ;

3.° Trois sacs de plâtre ;

4.° Trente tonneaux d'eau, en préférant celle qui a nétoyé les cours, qui a coulé sur les chemins.

Laissez le mélange pendant six mois dans la fosse en ayant soin de le brasser tous les huit jours.

Vous aurez une matière très-analogue à la gadoue naturelle, à cela près que son odeur sera beaucoup moins fétide, et son acquisition des trois quarts plus économique.

M. *Petrequin* jeune qui, de même que son frère, ancien fermier des hospices, est très-partisan du nouvel engrais, en attribue l'importation dans nos pays à M. le lieutenant-général comte *Alméras*, qui en aurait observé les effets dans le nord de l'Europe.

Fosse à fumier de M. *Fantet.*

On croit, à la Guillotière, que le premier qui l'a fabriqué, auprès de Lyon est M. *Fantet*, propriétaire à Villeurbanne. Je suis allé, avec M. *Madiot*, voir la fosse de cet agriculteur. Elle est ouverte depuis plus de deux ans, et elle a fourni abondamment de l'engrais pour deux récoltes. Sa longueur est de vingt pieds ; sa largeur de douze, sa profondeur de cinq. On l'a creusée derrière l'habitation, à environ deux cents pas ; elle n'est point couverte, et la matière dont elle est remplie offre une consistance mucilagineuse, une couleur noire bleuâtre, une odeur d'hydrogène sulfuré très-supportable, et insensible à quelque distance quand on n'agite pas le mélange.

Ce mélange est formé par le fumier des écuries, uni à un dixième ou douzième de plâtre et à une masse d'eau dix ou douze fois plus considérable. M. *Fantet* ne jette point de lupin dans sa fosse, il ne la couvre pas, dans l'idée que l'influence de l'air et de la lumière concourt à la perfection de l'engrais. Il n'a point remarqué de fermentation bien vive, ni le soulèvement à la surface de l'eau de certaines matières solides qui, dans d'autres fosses, viennent former une espèce de chapeau. Les émanations de sa fosse ne lui paraissent pas insalubres, ni notablement incommodes, même au moment de la vidange.

La matière qu'il en a retirée a été jetée, en mars dernier, sur du blé, sur du jardinage, dans la même proportion qu'on jetait jadis la gadoue naturelle ; elle a produit le même effet. Cependant chaque tonneau (2 hectol. et demi) de cette dernière lui coûtait, rendu sur les lieux, environ 3 fr., encore n'en avait-il pas toutes les fois qu'il en voulait ; tandis que le tonneau de gadoue artificielle lui revient à 50 centimes, et il n'en manque jamais.

Les renseignemens fournis par M. *Fantet* nous ont été attestés par plusieurs personnes attachées à sa ferme. Cet agriculteur songeait, dit-il, à creuser sa fosse lorsqu'un de ses domestiques, polonais d'origine et déserteur d'un régiment de cavalerie autrichienne, lui dit que dans son pays on savait fabriquer avec de la chaux et du fumier une matière fécale tout aussi bonne pour fumer que celle qu'on puise dans les latrines.

Soit que ce polonais, ou tout autre, ait donné la première idée de la gadoue artificielle, dans nos environs, il est certain qu'avant le milieu de 1816, ou le commencement de 1817, on ne connaissait pas cet engrais; il est certain aussi qu'on en fabrique au moment actuel dans plus de vingt domaines de cette partie du Dauphiné qui avoisine la ville de Lyon.

Fosses à fumier creusées dans la Bresse.

M. *Rémond*, notre confrère a vu construire des fosses à gadoue factice, dans la Bresse. Là, on les place hors des maisons, et on les dispose de manière à recevoir les eaux des cours; on n'a pas besoin de les bétonner, parce que, dans ce pays, une argile imperméable à l'eau, se trouve constamment à trois pieds de la surface du sol ; les fosses qu'on y a creusées sont découvertes ; elles ont six à huit pieds de profondeur, une pente douce qui se prolonge jusqu'au milieu de leur fond, y conduit les charrettes qu'on y fait descendre à reculons, au moment de la vidange. Sur chacune de ces charrettes est un grand tonneau portant à la place du bondon une fenêtre de 8 à 10 pouces carrés. Un homme, debout sur la charrette, puise la matière, au moyen d'un petit baril, ouvert d'un côté et emmanché d'un long bâton ; il en remplit le tonneau dont il ferme ensuite l'ouverture avec un gros bouchon de paille. C'est par une manœuvre semblable qu'on ramasse les poissons quand on vide les étangs de la Bresse. Les mêmes hommes sont employés à l'une et à l'autre vidange, et ils ont déjà reconnu que celle de la fosse à fumier n'est pas la plus incommode, et j'ajoute qu'elle est beaucoup moins insalubre.

On a pu, dans la Bresse, remplir les fosses dans tout le courant de l'été dernier, les eaux n'y manquant point, même pendant les plus grandes sécheresses ; il n'en est pas de même dans le Dauphiné. Là, on fut forcé, l'année dernière, d'aller chercher au loin de l'eau pour abreuver les bestiaux ; aussi ce ne fut que vers la fin de la mi-août, lorsque la pluie, tant attendue commença à tomber, que M. *Chédecalle* put remplir sa fosse. Le 20 de ce même mois, je le trouvai occupé à cette opération.

Changemens faits par M. *Chédecalle* à ses procédés.

Il avait cru devoir faire quelques changemens à la composition de son engrais. La dose du plâtre avait été diminuée d'un tiers ; de la chaux vive, en petite quantité, avait été ajoutée ; on avait supprimé les légumes de lupin qui avaient été remplacés par des crotins de mouton, de la colombine, et des urines ramassées dans des tonneaux pendant la sécheresse. M. *Chédecalle* était dans l'intention de laisser ce mélange au moins six mois dans la fosse sans le remuer, et par conséquent d'attendre les approches du printemps 1819, avant d'en fumer ses terres. Je me suis engagé à être présent à la vidange de sa fosse, et à suivre dans ses champs les effets de son engrais. Il se propose de le répandre sur du blé, sur du chanvre, sur des pommes de terre, etc. à la manière de la gadoue naturelle, qui n'est jamais plus efficace que lorsqu'on la répand au printems, ou même sur les dernières neiges de l'hiver. M. *Chédecalle* compte sur sa fosse pour fumer des terres de différentes natures, de la contenance d'environ 45 bicherées, mesure de Lyon, et ses terres, en général maigres et graveleuses, ne recevront pas d'autres engrais. S'il leur distribue trois cents tonneaux de gadoue artificielle, il y en aura six par bicherée ; c'est à très-peu près la quantité de gadoue naturelle qu'on accorde aux plus mauvais terreins.

Avantages présumés du nouvel engrais ; son introduction autour de cette ville.

Les deux espèces de gadoues seraient-elles égales en vertu, et l'artificielle offrirait-elle le grand avantage d'être, comme nous l'avons dit, quatre fois plus économique que l'autre et de pouvoir se confectionner par-tout en masses considérables ?

Un certain *Garnier*, cultivateur à Villeur-Lanne a essayé comparativement l'une et l'autre, et il a trouvé entre leurs effets une parité parfaite. MM. *Pétrequin* ne sont pas entièrement du même avis : ils pensent que douze tonneaux de gadoue naturelle équivalent à quinze d'artificielle. Ceux qui font le commerce de la première de ces matières trouvent la seconde absolument inerte ; ils ont chargé leurs amis d'en dire du mal, et ils ont pour auxiliaires naturels tous ceux qui, par caractère, par amour-propre ou par sistème, sont les détracteurs nés de toute innovation, quelle qu'en soit la nature.

Ces derniers s'élevèrent autrefois contre l'adoption, comme engrais, de la gadoue naturelle qui, dans huit ou dix communes du Dauphiné a rendu fertiles du sable presque pur et du gravier pour ainsi dire sans mélange.

Lorsque les détracteurs du nouvel engrais, vaincus par l'expérience, seront réduits à avouer qu'il est bon et utile, il soutiendront qu'il n'est pas nouveau, qu'il est connu par-tout, et que ceux qui disent l'avoir inventé ou même introduit n'ont pas eu le plus léger mérite.

J'ai peine à croire que l'engrais observé en Suisse par M. *Leroy-Jolimont*; que celui qui, d'après M. *Bosc*, est fabriqué dans plusieurs parties de la France, soit de la gadoue artificielle. Je conviens seulement que si on n'y fabrique pas tout-à-fait le même engrais on y prépare un compost liquide qui lui ressemble beaucoup. Au reste, *nil sub sole novum*, a dit, il y a trois mille ans, le sage inspiré. Ainsi, soit que la gadoue artificielle fût connue ou non du temps de Salomon, il est certain qu'on n'en confectionnait point autour de notre ville avant la fin de 1816; il est certain que les premiers qui en ont fait usage ont eu des succès et des imitateurs; il est certain que, malgré la saison la plus défavorable, cette pratique, nouvelle dans nos pays, fait des progrès rapides et promet à l'agriculture de très-grands résultats ; il est certain enfin que ceux qui ont, je ne dis pas inventé, mais introduit, importé ce genre d'industrie agricole, ont bien mérité du premier des arts ; et comme les campagnes qui nous entourent leur devront probablement une riche amélioration, c'est à vous, Messieurs, qu'il appartient de les signaler à la reconnaissance publique.

Dans la note que j'eus l'honneur de vous soumettre, en avril dernier, je ne pus vous parler que de M. *Chédecalle* que l'on m'avait désigné comme l'*inventeur du nouvel engrais.* Votre Commission s'est assurée que ce cultivateur avait eu pour principal mérite de le fabriquer en grand, et dans des fosses couvertes, et que MM. *Bouché* et *Fantet* en avaient fait avant lui, l'un à Bron, l'autre à Villeurbanne.

Lorsque M. *Bouché* à su que M. *Chédecalle* se donnait pour l'inventeur de la gadoue artificielle, il s'est hâté d'en revendiquer l'invention. Dès le 6 mai dernier, il vous a adressé une attestation du maire de sa commune, constatant que le 22 janvier 1817, lui *Bouché*, avait fabriqué avec du plâtre, du fumier de cheval et de l'eau, une espèce de matière fécale qui, après avoir fermenté seulement pendant dix jours, avait été répandue sur du seigle avec le plus grand succès, et que cette pratique répétée deux fois avait eu le même résultat. Deux autres certificats, encore plus authentiques, vous ont été envoyés par cet agriculteur; l'un est du 20 octobre, l'autre du 3 décembre derniers; ils sont revêtus l'un et l'autre de signatures recommandables, notamment de celles de M. *Broal*, maire de Bron; *Mas*, adjoint de cette commune; *Dian*, adjoint à la mairie Lyon; et *Riche* notre collégue. Tous ces propriétaires, qui sont voisins de M. *Bouché*, attestent que c'est lui qui, le premier, dans le canton a fabriqué la gadoue artificielle.

Nous étant rendu chez cet agriculteur, vers le milieu de décembre dernier, il nous a montré une fosse à fumier qu'il avait fait creuser depuis peu de temps. Elle est découverte, vide, et ses dimensions sont plus considérables que celles de la fosse de M. *Chédecalle*. Son intention est de la faire bétonner, voûter, et d'y faire parvenir, par des canaux, les urines de ses écuries. Les matériaux sont prêts pour cette construction, qui a été retardée par une difficulté élevée entre lui et son frère.

M. *Chédecalle* de son côté vous a adressé une attestation, en date du 9 novembre dernier, pour établir ses droits à la priorité ; mais comme il ne précise pas d'une manière exacte l'époque où son expérience a commencée, on peut en conclure qu'il a été non le premier, mais l'un des premiers introducteurs du nouvel engrais. Ne pouvant prouver qu'il a précédé le sieur *Bouché*, il insiste beaucoup sur la circonstance d'avoir opéré plus en grand et d'une manière plus parfaite.

Une vive discussion s'est élevée entre les deux prétendans, elle s'est vidée à l'amiable, mais seulement devant le juge de paix et non sans un éclat favorable à la nouvelle pratique.

Tandis que ces deux agriculteurs se disputaient l'invention de la gadoue artificielle, l'un des membres de la Commission, M. *Madiot*, s'assurait que plusieurs mois avant l'époque où l'un et l'autre rapportaient le commencement de leurs expériences, il existait à Villeurbanne, dans le domaine de M. *Fantet*, une fosse pour préparer le nouvel engrais. Notre collégue découvrait en même tems que le premier qui en avait donné l'idée à ce propriétaire était un nommé *Kriepht* natif de Varsovie et déserteur d'un régiment Autrichien ; cet étranger s'était placé en 1815 comme valet charretier chez M. *Fantet*, et voyant son maître embarrassé pour se procurer de la gadoue, il lui apprit ce qui se pratiquait dans son pays, et peu de tems après fut creusée la fosse dont j'ai parlé précédemment.

Dès le printems de 1816, le nouvel engrais avoit été jeté sur du lin dont la croissance et le produit avaient étonné les voisins, comme plusieurs d'entre eux me l'ont attesté. D'après cette expérience, M. *Fantet* s'est cru en droit de dire que s'il existe quelque différence entre la gadoue naturelle et l'artificielle, elle est toute à l'avantage de la dernière. Des raisons particulières et puissantes l'ont forcé de renvoyer le domestique auquel il était redevable de la plus heureuse idée. J'ai cru devoir interroger cet étranger, et M. *Madiot* a bien voulu le conduire chez moi. J'ai su de lui qu'en Pologne, les fosses à gadoue factice sont communes, qu'on y jette peu de fumier d'écurie, mais beaucoup de mauvaises plantes, notamment des bruyères, des fougères et du chien-dent, presque jamais de plâtre mais de la chaux ; que ces fosses situées dans les champs, à quelques distances des habitations, ne sont jamais vidées entièrement; on y prend de l'engrais quand on en a besoin et on le remplace par de nouvelles herbes, de la nouvelle chaux, sans suivre de règles fixes dans les doses et le tems de la fermentation; aussi l'engrais n'a-t-il rien de constant par l'odeur, la consistence et l'énergie.

Tout porte à croire que le polonais *Kricpht* est le premier qui ait donné, autour de Lyon, l'idée de la gadoue factice, et que M. *Fantet* de Villeurbanne a creusé la première fosse pour la fabrication de ce précieux engrais. M. *Bouché* paraît être le second cultivateur qui ait adopté cette pratique nouvelle; mais il a opéré en petit, et M. *Chédecalle* a eu le mérite de fabriquer en grand cette gadoue factice.

Différentes recettes de composts, insérées dans divers ouvrages agronomiques.

Telle est, Messieurs, le résultat des recherches de votre Commission sur l'origine et les premiers progrès d'un procédé nouveau de fumer la terre.

Es-ce là le procédé qui, selon M. *Bosc*, dont j'emprunte les expressions, est usité *dans différentes parties de la France, de la Suisse, de l'Allemagne sous les noms de puisards, de fosses à fumier, de composts liquides?* Je ne le crois pas. En effet, si la formule d'après laquelle on l'a confectionné l'année dernière dans notre voisinage a varié d'une manière très-notable, comment concevoir que cette formule soit la même dans différentes parties de la France, de la Suisse et de l'Allemagne ?

Si l'on parcourt les ouvrages agronomiques, on y trouvera plusieurs recettes de composts dont le produit devait être presque toujours un engrais solide, et par conséquent différent du nouvel eugrais dont la consistance est moins liquide.

D'après le Traité de la culture des grains.

On lit dans le Traité sur la culture des grains (1) que le meilleur compost consiste dans le procédé suivant :

« 1.° Creuser des fosses de dix à douze pieds de profondeur et même de quinze pieds; 2.° y mettre une couche d'environ six pouces de marne ou de chaux éteinte à l'air, suivant celle dont on veut se servir; 3.° une couche de fumier de douze pouces; 4.° une autre couche de marne ou de chaux de trois pouces; 5.° une autre couche de fumier également de douze pouces; et continuer ainsi de suite, observant de mettre toujours douze pouces de fumier sur trois de chaux ou de marne, et d'entretenir l'humidité nécessaire par le moyen des arro-

(1) Paris, 1802, tom. 1. pag. 525.

sement, afin d'accélérer la décomposition et d'empêcher le *blanc* (1) d'attaquer le fumier. Ce fumier ainsi disposé doit rester deux ans dans les fosses, au bout duquel temps on pourra s'en servir pour fumer les terres. C'est alors qu'on s'apercevra de l'effet avantageux de la bonne préparation des engrais. »

D'après *Rozier*.

Rozier préparait de la manière suivante ses fumiers, lorsqu'il cultivait dans les environs de Béziers (2): « Lorsque son trou à fumier était vuide, il en fesait couvrir le fond avec de la chaux; puis il mettait un pied de fumier de litière et quelques pouces de terre. On recommençait un lit de fumier, un de terre, un de chaux, et ainsi de suite. L'eau était conduite de manière que la base du tas fût toujours imbibée et jamais noyée; la masse était toujours suffisamment humectée. Par ce procédé la combinaison était faite avant qu'on portât les fumiers sur les terres. »

D'après *Maurice* de Genève.

D'après l'ouvrage *ex professo* sur les engrais, publié par M. *Maurice de Genève*, (3) « Le

---

(1) Le blanc qui altère souvent le fumier paraît être une espèce de champignon

(2) Cours d'agriculture, tom. 3, pag. 483.

(3) Traité des engrais, 1806, pag. 14.

compost serait un mélange de lits alternatifs de terre, de marne ou de terreau, de fumier et d'autres substances animales et végétales. Ces substances se pénétrant réciproquement pendant un temps plus ou moins long, avant qu'on les répande sur les champs. »

Quand, dans le cours de son livre, l'auteur emploie le terme anglais de *compost*, il entend parler de certains mélanges tout au plus humides, de substances animales, végétales et minérales, stratifiées et formant des tas. Il appelle *engrais liquide* et non *compost* (1) « un mélange de trois parties d'eau commune sur une partie d'urine et de fiente de bestiaux auquel on donne le tems de fermenter le plus qu'il est possible et dans lequel on mêle du gypse calciné à la dose d'un pied cube sur trois cents pintes de liquide mesure de Paris. »

Thaër s'étend beaucoup sur la manière de composer et d'employer les composts : les deux recettes données par cet agronome profond ne pouvaient avoir pour objet que des engrais solides ; les voici : (2) D'après Thaër.

« On dispose en couches horizontales les

(1) *Ibid*, (p. 218).

(1) Principes raisonnés d'agriculture, tom. 2, p. 198.

diverses matières dont ils (*les composts*) sont formés; ces couches sont placées les unes sur les autres. Au bas du tas on forme d'abord un lit de terre ou de gazon, auquel on donne de tous côtés, en étendue, cinq à six pieds de plus que le tas ne doit avoir. Alors on y met une couche d'environ un pied d'épaisseur de fumier aussi récent que possible. Au-dessus de cette couche, on met de rechef un lit de terre ou de gazon; si l'on a d'autres matières qui soient susceptibles de putréfaction, on les place sur ce lit, qu'on recouvre d'une autre couche de fumier, et ainsi de suite, jusqu'à ce que le tas ait environ six pieds d'élévation en talus; alors on le couvre de nouveau d'une couche de terre; souvent on mêle dans ce compost de la chaux vive, etc. . . . .

« L'autre manière de former un compost consiste (1) à disposer les différentes matières tout autour de la place où le tas doit s'élever et à mettre auprès des divers monceaux qui sont à l'entour, des ouvriers avec des pelles, lesquels tous ensemble jettent les substances de leur monceau; ces substances se trouvent ainsi parfaitement mêlées ensemble. On associe de

(1) Princip. rais. d'agr., p. 199.

cette manière de la marne, du terreau, de la tourbe brisée et pulvérisée, de la mousse, des feuilles d'arbres, et de celles de pin en particulier, de la sciure, des dépouilles d'animaux et des végétaux, etc. ; le plus souvent on y joint encore de la chaux, des cendres, etc. . .

. . . .

on y met une plus ou moins grande quantité de chaux, suivant que les substances dont le compost est formé sont d'une putréfaction plus ou moins difficile. »

L'auteur fait, un peu plus bas, le plus grand éloge des composts qu'il regarde comme de *riches trésors mis en réserve* ; il conseille d'*épandre* cette espèce d'engrais sur le sol sans l'enterrer ; il appelle en témoignage des cultivateurs anglais qui attribuent une *influence magique* au compost *épandu* sur les céréales pendant leur végétation ; elle est telle que lorsque le froment a été en grande partie détruit par l'hiver, ou que l'orge, endommagée par la gelée, la sécheresse ou l'humidité, est maladive et végète à peine, les composts y produisent des effets surprenans. Aussitôt qu'ils ont été épandus les plantes reverdissent et renaissent. Ce grand effet des composts est confirmé d'une manière non équivoque par tous les auteurs anglais.

D'après M. *de la Tournelle*.

C'est bien une espèce de compost liquide que fabrique M. *de la Tournelle*, propriétaire dans le département de l'Ain (1). Cet agronome établit ses fumiers sur une base de terre de douze à quinze pouces d'épaisseur, d'une étendue proportionnée à leur volume et débordant le tas (tout au tour) (2) de trois à quatre pieds ; en sorte que tout ce qui en découle est absorbé par cette terre et sert à l'enrichir. Après un séjour de quelques mois sous le tas de fumier, cette terre épanchée au printemps sur les céréales en végétation y produit des effets surprenans qui l'emportent de beaucoup sur ceux du fumier en terre, lors de la semaille ou répandu sur les blés pendant l'hiver. ». . . . .

Ce procédé est, comme le dit très-bien M. *de la Tournelle*, très-simple; j'ajoute qu'il est très-facile d'en expliquer la théorie: elle consiste à conserver le jus de fumier en en imprégnant de la terre qui par-là se change en engrais. Mais peut-être que par la méthode de stratification usitée en Angleterre et dans quelques parties de

---

(1) Journal d'Agriculture, Lertres et Arts du département de l'Ain (novembre 1818).

(1) Selon le précepte de *Thaer*, (voy. ci-dev. p. 28).

la France, on pourrait faire éprouver cette utile métamorphose à une plus grande quantité de matière terreuse. La stratification augmente bien faiblement les frais de main-d'œuvre, et si on l'applique non-seulement à la terre et au fumier, mais encore à des substances capables de se putréfier promptement, et à de la chaux qui a la faculté d'accélérer la putréfaction, ne s'assurera-t-on pas à peu de frais une plus grande masse d'un plus riche fumier ?

Celui que prépare M. *de la Tournelle* n'exige pas des réservoirs *dispendieux* ; mais es-ce une dépense inutile que celle d'une fosse à fumier ?

Avantages des fosses pour fabriquer et conserver les fumiers tant naturels qu'artificiels.

Je ne le pense pas : il me semble que les frais de la construction d'une fosse peuvent être très-légers, sur-tout en Bresse où l'on n'a pas besoin de bétonner, et qu'ils sont amplement couverts par l'avantage de pouvoir conserver les fumiers de litière et fabriquer économiquement les engrais artificiels.

En effet, quelle que soit l'opinion des agriculteurs sur l'efficacité du fumier frais comparé au fumier consommé, et quand ce dernier (ce qu'on ne peut supposer) serait toujours inférieur à l'autre, il faudrait toujours convenir qu'il n'est pas possible d'employer constamment le fumier de litière, immédiatement après sa formation, et qu'il faut le garder plusieurs mois, ne fusse que pour le tenir en réserve jusqu'au moment du besoin. Il résulte de-là que si on n'a point de fosse pour l'entreposer, on l'entassera provisoirement à la porte des étables, ou on le laissera dans les étables mêmes. On suit presque par-tout l'une ou l'autre de ces deux mauvaises méthodes. Qui ne sait cependant que des monceaux de fumier disposés en plein air s'appauvrissent de leurs principes les plus fertilisans qui s'évaporent dans l'air ou sont entraînés par les eaux pluviales ? Ce n'est pas tout : la fermentation doit s'établir très-inégalement dans une masse de substances putrescibles ainsi disposées ; active au centre, elle doit être à peu près nulle à la surface. Si de grands monceaux de fumier se détériorent à la porte des étables où on les place en attendant de les porter aux champs, cette détérioration est bien plus rapide et plus sensible dans ces petits tas de deux ou trois pieds de hauteur dont on voit fréquemment les champs hérissés ; la place qu'ils occupent est frappée de stérilité à cause de la surabondance d'engrais qui la pénètre, et le reste du champ est faiblement engraissé par un fumier qui a perdu presque toute son énergie.

Inconvéniens de laisser le fumier dans les étables.

Le fumier se conserve très-bien dans les étables; il y fermente également, et s'y enrichit de toutes les émanations des animaux; mais ceux-ci sont enfoncés dans la fange; ils transpirent avec peine et respirent avec difficulté. Enveloppés d'une athmosphère chaude, humide, pauvre en air vital, saturée d'exhalaisons animales, ils contractent des maladies qui, dans le s bêtes à cornes sur-tout, prennent fréquemment un caractère contagieux. C'est ainsi que d'imprudens et malheureux cultivavateurs perdent tout leur bétail pour faire du bon fumier.

« Il faut, dit *Thaër* (1), laisser le fumier dans l'étable autant que cela est possible, parce qu'il gagne d'autant plus en qualité qu'il y reste plus long-temps. Mais cela doit toujours être subordonné à la propreté nécessaire au bétail et à la convenance de le tenir au sec. Si on laissait les bêtes dans la fange, on perdrait bien plus par les maladies qu'on leur attirerait, qu'on ne gagnerait par l'augmentation de la valeur du fumier. »

Le même auteur pense (1) « que pour obtenir les avantages de cette longue conservation du fumier dans l'étable, et cependant

(1) Principes raisonnés d'agriculture, tom. 2, pag. 180.

(2) *Ibid*, p. 179.

éviter ses inconvéniens, la manière de construire les écuries que *Schwertz* indique dans le second volume de son *Agriculture Belge*, et qu'il explique dans des planches, est sans aucun doute très-convenable. A côté de la place assignée au bétail, et derrière celui-ci, est une espace au moins aussi large que celui qui est occupé par le bétail, mais un peu plus bas; c'est là que le fumier est déposé à mesure qu'on le déblaye de dessous les bêtes, et c'est également dans cette place que se réunissent les urines et l'humidité de l'étable. C'est-là que le fumier subit sa décomposition, et delà ordinairement on le conduit directement sur le champ auquel il est destiné. »

En supposant, ce que je suis loin d'admettre, que des écuries, construites sur ce plan, pussent servir de place à fumier sans aucun danger pour la santé des bestiaux, on ne pourrait pas disconvenir que le surcroît de frais d'une pareille construction ne surpassât de beaucoup la dépense de l'établissement d'une fosse à fumier.

Opinion sur les fosses à fumier de M. *Bosc*.

M. *Bosc* est partisan des fosses à fumier. Voici de quelle manière, il conseille de les établir : (1) « Dans la partie de la cour la

(1) Cours d'agriculture, tom. 6, p. 255.

plus voisine des écuries, mais cependant à quelque distance de ces dernières, à l'exposition du nord, s'il est possible, on fera une fosse carrée, de deux à trois pieds au plus de profondeur, et d'une étendue proportionnée à la quantité de fumier qui doit y entrer annuellement; on en pavera le sol avec de larges pierres plates, ou bien à défaut de pierres, on la couvrira d'un lit d'argile, et on fera un mur autour. C'est là qu'on déposera les fumiers à mesure qu'on les tirera des écuries, ayant soin de les répandre toujours également, et de les presser médiocrement. Dans un des angles, il y aura un réservoir un peu plus profond que le carré, et d'une largeur proportionnée à celle de ce carré dans lequel, par un petit acqueduc, se rendront le eaux pluviales qui auront traversé le fumier, eaux qu'on reportera, dans la sécheresse, sur le tas, avec les urines de la maison, les eaux de lessive, les eaux de savon, les eaux de vaisselle, etc. »

Le même agronome dit à la page précédente, que les cultivateurs de Mesle se sont rendus célèbres dans le département des Deux-Sèvres, par la manière de fabriquer le fumier et qu'ils le vendent deux fois plus cher que celui des environs; leur méthode ne consiste *qu'à le déposer dans des caves* et à ne l'employer que six à huit mois après.

Fosses à fumier figurée dans le Gentilhomme-cultivateur.

On peut considérer comme une cave, la grande fosse à fumier dont la figure se trouve à la fin du tome deuxième du *Gentilhomme cultivateur*. Cette cave, dont les dimensions en tous sens sont considérables, est située entre l'étable et l'écurie. Des conduits y transmettent les urines des chevaux et des bêtes à cornes; elle est bétonnée et voûté avec la plus grande solidité; c'est par une trape qu'on y introduit le fumier de litière et qu'on en retire le fumier consommé. Cette espèce de cave, dont le Gentilhomme cultivateur s'est contenté de donner la figure sans description, a beaucoup de rapports avec la grande fosse que M. *Bouché* a commencé de construire dans le village de Bron.

Nécessité des fosses pour fabriquer des composts liquides et avantages de ces sortes d'engrais.

Si les fosses sont utiles pour conserver et perfectionner les fumiers naturels, elles le sont beaucoup plus quand on veut composer ces engrais artificiels, que d'après les anglais nous nommons composts; et rien ne peut les suppléer quand ces composts doivent avoir une forme liquide.

Tout porte à croire que c'est sous forme

liquide que les engrais tant naturels qu'artificiels agissent avec le plus d'énergie. « Il est étonnant, dit *Maurice*, (1) que personne n'ait encore essayé d'employer une dissolution de fumier dans de l'eau. (2)........ Les Japonais employent, au rapport des voyageurs, tous leurs fumiers de cette manière. Leurs plantations se font dans des raies qu'ils tiennent très-nettes, et ils arrosent les plantes, lorsqu'elles ont poussées, avec de l'eau dans laquelle on a détrempé du fumier fermenté. Par ce moyen, une petite quantité de fumier produit beaucoup d'effet.

« . . . .

J'ai souvent, c'est M. *Maurice* qui parle, arrosé avec des eaux de lessive, des lavures de cuisine, et du jus de fumier, des pommes de terre, des choux et des légumes, je m'en suis aussi servi pour les places destinées à recevoir des graines du jardin, *et j'ai toujours trouvé que les plantes* ainsi traitées, poussaient beaucoup plus vigoureusement que d'autres. etc. » . . . .

M. *Maurice* regrette ailleurs, (3) « qu'un chimiste n'ait pas trouvé le moyen de faire

---

(1) Traité des engrais, p. 247.

(2) Cet usage est fort suivi dans la Suisse allemande.

(3) Traité des engrais, 1815, p. 135.

passer promptement à l'état putride, une quantité d'eau considérable à peu de frais en la convertissant ainsi en engrais, *il rendroit probablement à l'agriculture un plus grand service qu'on ne le pourrait par tout autre moyen.* Il semble que la méthode qui réussirait vraisemblablement le mieux, serait de déposer des végétaux frais dans une eau stagnante, ce procédé fait pourrir l'eau en peu de jours. »

Eau végétative de M. *Bertholon.*

Eh bien! s'écrie M. le comte *François de Neufchateau*, (1) ce procédé était indiqué depuis long-temps dans le mémoire de l'abbé *Bertholon*: *De l'eau la plus propre à la végétation des plantes*, qui remporta le prix à l'académie de Montauban, en 1785. « Rien de plus simple et de plus facile, disait M. *Bertholon*, (il m'est bien doux, Messieurs, d'avoir à citer le nom de l'un de plus respectables fondateurs de votre Société) rien de plus simple et de plus facile que de composer une eau végétative : c'est de mêler dans une eau stagnante quelconque des matières végétales et animales, de les laisser macérer, se pourrir, fermenter, se combiner pendant un temps proportionné, et de se servir

(1) Rapport sur les fosses mobiles et inodores, 1818, p. 45.

ensuite de cette eau pour les divers usages qu'exige l'agriculture, etc. . . . . »

M. *Bertholon* cite plusieurs observations remarquables en faveur de l'engrais liquide qu'il appelle *Eau végétative*, il en regarde l'efficacité comme supérieure à celle du meilleur fumier de litière.

Engrais liquides, d'après M. *Chancey*.

Les engrais liquides ont été l'objet d'une note que vous a communiquée M. *Chancey*. Notre respectable confrère, dont l'autorité est d'un grand poids en agronomie, (1) regrette

---

(1) On trouve dans un grand nombre d'ouvrages d'agriculture le nom de M. *Chancey* cité avec éloge. Lorsque M. *Maurice* parle du plâtre, de cet engrais admirable, dont la province du Lyonnais adopta l'usage il y a quarante ans, il dit: *Tous les avantages du plâtre ont été vivement sentis* par MM. *Chaneey* et *Baud*, ces habiles agriculteurs *qui réunissent à l'art de cultiver la terre, le talent si rare de savoir rendre compte de leurs expériences d'une manière lumineuse et précise*. (Traité des engrais, pag. 221.)

Lorsque le vénérable *Parmentier* appelle la reconnaissance publique sur ceux qui lui ont aidé à propager le plus précieux des tubercules, il s'exprime ainsi : M. *de Ladebat* en Guienne, M. *de Puymaurin* fils, en Languedoc; M. *Chancey* en Lyonnais, M. *De Hell* en Alsace, et tant d'autres savans agronomes avec lesquels j'ai l'honneur de correspondre, deviendront, par leurs essais en ce genre, les bienfaiteurs des provinces qu'ils habitent. (Traité sur la culture de la pomme-de-terre, pag. 72.)

beaucoup qu'on n'ait point adopté en France l'usage suivi depuis un siècle dans le canton de Zurich, usage que l'on doit à un simple paysan dont le nom est resté inconnu, il consiste à putréfier au moyen de la bouze et de l'urine de vache, une grande masse d'eau et de la répandre comme engrais.

Le socrate rustique *Kligogg*, autre paysan suisse créait, ajoute M. *Chancey*, des eaux putrides et fertilisantes par le procédé suivant: il jetait du fumier dans des fosses, il y versait de l'eau chaude pour en hâter la fermentation; lorsqu'elle était bien établie, il y ajoutait de l'eau froide à différens intervalles, jusqu'à ce que les fosses fussent pleines. Toutes ces eaux, ainsi putréfiées étaient répandues sur les prés et sur les blés, au moyen d'un tonneau, portant à un bout une espèce de grille de fer-blanc en forme d'arrosoir; ce tonneau placé sur une charrette, répandait le liquide qu'il contenait de la même manière que les tonneaux qu'on charrie sur les promenades publiques de cette ville pour les arroser, versent l'eau dont on les a remplis.

Compost de M. *Leroy-Champfleury*.

Cet engrais liquide, est en usâge dans une grande partie de la Suisse et on le connait sous le nom de *Lizée*. Il diffère beaucoup par sa composition de celui que fabriquent MM. *Fantet*, *Bouché*, *Chédecalle etc.* dans la plaine du Dauphiné. Ce dernier engrais a des rapports avec le compost dont vous a entretenu en 1817, M. *Leroy-Champfleury* votre correspondant. Vous vous rappelez, Messieurs, que M. *Leroy*, long-tems avant d'avoir ouï parler de la gadoue artificielle, était dans l'usage de délayer du plâtre dans de l'urine étendue d'eau; qu'il formait avec ce mélange une espèce de bouillie propre à être répandue dans les champs de la même manière que le produit des fosses d'aisance, et avec un succès à peu près égal. (Il a été rendu compte de l'interressante communication de notre confrère dans la notice de vos travaux pour 1817, p. 462.)

Différentes manières de fabriquer la gadoue artificielle.

La gadoue artificielle peut se composer de mille manières, et les legumes de lupin n'en sont pas un ingrédient essentiel; le lupin, comme l'observe fort bien M. *Chanccy*, n'est guère en grande culture que dans le Dauphiné où on l'enterre en vert et quelquefois après l'avoir arraché et trempé dans de l'urine. Mais par tout végétent spontanément des plantes inutiles, telles que des hyèbles, des chardons, des genets, des ésules; combien il serait facile et peu dispendieux de les faire ramasser, par des femmes, par des enfans, pour les jeter dans les fosses à fumier !

Au moment où je trace ces lignes j'apprends qu'un cultivateur de la Guillotière, nommé *Antoine Caillat*, a fait de la gadoue artificielle sans lupin, qu'il a jeté dans sa fosse du marc de colza, de la suie de cheminée etc. et qu'il a été imité par plusieurs de ses voisins, notamment par les sieurs *Cachet*, *Beraud* et *Saintonge.* (1)

Ne peut-on pas appliquer à la gadoue artificielle, ce que dit le profond *Thaër* en parlant des composts solides ? Il s'exprime en ces termes :

« Dans divers écrits on trouve sur la composition de ces mélanges une quantité innombrable de recettes, dans lesquelles la proportion de chaque substance est prescrite en poids et mesures, comme dans les ordonnances de médecine ; mais ce sont là de pures pédanteries, sur ce point tout vient se réduire à ce précepte : prenez tout ce dont vous pourrez disposer en substances végétales, animales et minérales ; ces dernières cependant autant qu'elles seront

(1) La Commission se propose de visiter ces cultivateurs pour être témoin de leurs procédés, et sans doute aussi de leurs succès.

propres à cet usage; mêlez les ensemble, joignez-y un peu de chaux vive et de la terre, autant qu'il en faut pour absorber les gaz qui se développent de ces diverses substances; faites entrer le tout en fermentation ; et brassez-le ensuite plusieurs fois, jusqu'à ce qu'il se soit transformé en une matière homogène. »

Manière d'agir du plâtre dans la gadoue artificielle.

Quoiqu'on puisse fabriquer de différentes manières un compost liquide analogue à la gadoue, je ne pense pas qu'il soit indifférent d'adopter tel ou tel procédé pour la fabrication de ce précieux engrais. Il me semble que les cultivateurs de Bron et de Villeurbanne ont trop prodigué le plâtre ; ce sel calcaire ne devrait sans doute être mêlé aux substances végétales que pour en assurer la prompte décomposition et pour rendre putride l'eau unie au mélange.

En ménageant le plâtre, on écartera l'inconvénient annoncé par M. *Bosc*, et celui que redoutent d'autres agronomes distingués. Le premier, comme vous ne l'avez pas oublié, Messieurs, accuse le gypse (1) d'user le sol, en

(1) Quoique le gyspe diffère un peu du plâtre sous le rapport chimique, j'emploie indifféremment ces deux termes pour exprimer la même substance, parce que presque tous les agriculteurs les confondent.

rendant soluble l'humus existant d'ancienne date dans le champ. Ce sel calcaire ne saurait produire cet effet si son activité presque toute entière s'est exercée pour décomposer et rendre solubles les matières avec lesquelles il aura été mêlé dans la fosse.

Au reste, Messieurs, on ne peut pas se dissimuler que malgré les recherches de MM. *de Saussure*, *Bracconnot*, *Yvart*, *Lasteyrie*, et malgré celles qu'ont faites récemment nos deux confrères *Socquet*, et *Leroy-Champfleury*, on ne peut pas se dissimuler, dis-je, que l'action du plâtre ne soit encore un mystère chimico-agronomique. On a examiné son influence lorsqu'on l'a répandu sous forme pulvérulente sur des légumineuses en pleine végétation; on l'a peu étudié dans son état de mélange ou de combinaison avec d'autres ingrédiens d'un compost solide ou liquide.

Nul doute que le sulfate de chaux ne se décompose en partie dans la fosse à gadoue artificielle ; cette décomposition est prouvée par le sulfure de chaux trouvé par M. *Barre* dans l'analyse à laquelle il s'est livré ; elle l'est encore par l'abondance d'hydrogène sulfuré qui se dégage de la fosse: on peut l'expliquer facilement par la réaction, sur l'oxigène de l'acide sulfurique, du carbone des substances végétales en fermentation. Quoiqu'il en soit, cette fermentation paraît d'autant plus vive, et le dégagement de l'hydrogène sulfuré d'autant plus abondant que la dose du plâtre est plus forte; c'est ce qui résulte, comme nous l'avons vu, des expériences de M. *Rey-Monléan*.

Prétendue insalubrité des émanations de cette espèce de gadoue.

Je conviens, Messieurs, que ces gaz hydrogènes sulfurés ou carbonnés, mis en contact avec l'athmosphère, dans de grandes surfaces, peuvent fatiguer l'odorat et noircir des boucles d'argent, comme cela est arrivé à M. *Chédecalle* à son grand étonnement; mais ils ne causeront guères d'autres accidens. Il est bien prouvé en médecine, que les effluves les plus pernicieuses sont inodores, et que presque toutes les odeurs fétides sont innocentes; que même quelques-unes de ces dernières sont utiles à la santé et sont les plus sûrs préservatifs contre les maladies auxquelles l'air peut servir de véhicule. On sait aussi que l'accident terrible, qui, sous le nom de *plomb*, foudroye les vidangeurs, est causé, presque toujours, par l'azote et par l'acide carbonique, gaz déléteres absolument sans odeur. Si ces gaz donnent la mort, c'est beaucoup moins par une qualité vénéneuse qui leur soit propre, que parce qu'ils prennent la place de l'air qui peut seul entretenir la vie; ils ne sont funestes que dans un lieu circonscrit et fermé; mais dans ces circonstances ils peuvent faire périr au milieu des émanations les plus douces et les plus suaves. C'est ainsi que des aphixies mortelles ont eu lieu dans des appartemens fermés, remplis de roses et de jasmins; et c'était ces fleurs perfides qui avaient dégagé l'azote et l'acide carbonique, causes de la mort.

La gadoue, soit naturelle, soit artificielle produit ainsi que les roses et les jasmins de l'azote et de l'acide carbonique; mais comme nous l'avons dit, ces deux gaz, ainsi que l'hydrogène sulfuré, ne sont dangereux que lorsqu'ils sont retenus et concentrés, ils ne se répandent jamais dans l'athmosphère libre en assez grande quantité pour déterminer des accidens.

Incommodité de ces émanations; moyen de les atténuer.

Mais il est des personnes qui regardent comme insalubre ce qui est incommode. On pourrait leur faire observer que quelqu'incommode que soit la vidange des latrines, la circulation de leurs produits et leur effusion sur les champs, on n'a pas ouï dire qu'aucune maladie ait été la suite de ces opérations si précieuses pour l'agriculture (1). C'est en vertu d'une

(1) A l'exeption des accidens qui arrivent aux ouvriers, quand on néglige les précautions nécessaires.

consultation officielle, donnée par la faculté de médecine de Paris, que la police a autorisé de vastes manutentions de poudrette aux portes mêmes de la capitale; et qui ne sait que ces établissemens sont bien plus incommodes que les vidanges des latrines? On souffre pour l'intérêt du commerce et de l'industrie des manufactures et des fabriques à odeurs, non-seulement fétides, mais encore réellement malsaines; seulement on relègue à quelques distances des lieux habités, ceux de ces ateliers qui répandent les vapeurs les plus pernicieuses. Et l'on ne voudrait pas souffrir dans les campagnes des fabriques d'engrais, sous le prétexte qu'il s'en exhale de mauvaises odeurs!

Nous n'avons point encore assisté à la vidange d'une fosse à gadoue artificielle; mais nous en avons fait remuer la matière à plusieurs reprises, nous en avons rempli des bouteilles, et l'odeur qui s'est exhalée nous a paru être non-seulement moins incommode, mais encore n'être pas de la même nature que celle qui s'élève quand on agite la gadoue naturelle, et nous sommes portés à croire que Madame *Chédecalle*, voulait relever le mérite de l'engrais *inventé* par son mari, en disant à quelques membres de la Commission qu'il était impossible d'habiter dans le voisinage de la fosse, au moment où on la vidait ; cette femme pensait sans doute que la bonté d'un engrais était proportionnée à sa fétidité.

On peut, au reste, disposer les fosses de manière à ce que leur vidange n'occasionne presque pas d'incommodité. On en écartera tous dangers pour les ouvriers, si, au lieu d'y entrer, ils en puisent la matière dans des creux communiquant avec la fosse par des écluses qu'on lève au moment de la vidange. On les placera, non sous les étables, mais derrière les bâtimens; un canal d'une certaine étendue y conduira les urines ; et si on veut laisser les urines avec le fumier, ou le recueillir à part, rien n'empêche que les fosses ne soyent éloignées des habitations et creusées au centre mêmes des exploitations, comme cela se pratique dans quelques contrées du nord.

Expériences à ce sujet, faite par M. *Lanoix*.

La chimie possède enfin un moyen bien simple d'anéantir, comme par enchantement les vapeurs fétides qui s'élèvent de la gadoue, tant naturelle qu'artificielle; c'est d'y verser un lait de chaux. Le sulfure calcaire, qui se forme sur le champ, et qui reste en dissolution dans l'eau, arrête l'évaporation du gaz hydrogène sulfuré.

Nous devons la première connaissance de ce phénomène, à notre respectable vétéran M. *Lanoix*, qui se livra à une belle expérience sur ce sujet; cette expérience fut faite à l'école vétérinaire, quelques années avant la révolution, en présence d'une Commission de notre Société. On rédigea un rapport dont malheureusement il ne reste aucune trace, ni dans nos papiers, ni dans ceux de notre savant confrère.

L'opération qui fut exécutée à cette époque, se lie à l'introduction, dans nos campagnes, du riche engrais puisé dans les fosses d'aisance. Il serait intérressant de déterminer jusques à quel point, notre Société concourut à une importante amélioration qui dût rencontrer de grands obstacles. Nos respectables prédécesseurs firent sans doute tous leurs efforts pour applanir ces difficultés, pour favoriser l'heureuse innovation qui dans la plaine du Dauphiné, voisine de notre ville, a rendu fertiles des sols presque entièrement composés de sable pur et de gravier sans mélange. (1)

Considérations sur le nouvel engrais, et Conclusion du rapport.

Une innovation beaucoup plus importante, appelle notre zèle et notre sollicitude: vérifions

(1) La Commission a cru devoir se livrer à quelques recherches sur l'introduction de la gadoue dans l'agriculture du

par tous les moyens qui sont en notre pouvoir, si, comme on l'a dit, le nouvel engrais est comparable au produit éventuel des fosses d'aisance, et si nous nous assurons que ses propriétés sont analogues, quoiqu'à un dégré inférieur, songeons que son acquisition est quatre fois plus économique, qu'on peut le fabriquer par-tout en grandes masses, tandis que la gadoue ne peut guère être employée comme engrais qu'aux portes des grandes villes (1). Si nous trouvons que le nouvel engrais n'ait rien de commun avec la matière fécale, et que c'est sans motif qu'on lui a donné le nom de gadoue artificielle, songeons toutefois que c'est un engrais de plus qui n'empêche la production d'aucun autre, et que son efficacité est démontrée par la théorie chimico-agronomique, ainsi que par des expériences positives. Si quelques épreuves lui ont été défavorables, considérons qu'elles ont eu lieu l'année dernière, sous l'influence de circonstances météorologiques qui ne se rencontrent pas deux fois dans un siècle. Ces circonstances ont annulé les effets de la gadoue naturelle et de tous les autres engrais liquides dont les principes fertilisans

---

Lyonnais et du Dauphiné et sur l'heureuse influence de cette pratique. Elle ne tardera pas à communiquer à la Société les renseignemens qu'elle pourra recueillir sur cet important objet.

(1) A moins de l'acheter à grands frais.

n'ont pas pu pénétrer dans une terre calcinée par le soleil. Mais peut-être que ces principes n'ont pas été absorbés par un air sec et brûlant; réduits à l'état solide ils sont peut-être encore dans le sol qui les a reçus, et ne doivent-ils developper leur activité végétative, que lorsqu'ils auront été mis à l'état soluble par la fermentation du printems.

Quoiqu'il en soit, la presque nullité d'effet qu'on a cru remarquer sur quelques champs où, pendant l'été dernier, on répandit du nouvel engrais, n'a point découragé le plus grand nombre de ceux qui ont adopté cette pratique. Quelques fosses de plus sont creusées, et parmi ces fosses on peut citer celle de M. *Baboin de la Barollière*, maire de Limonest.

Ces fosses ne serviraient pas à la fabrication de la gadoue artificielle, que leur usage en serait très-précieux. Le fumier de litière s'y conserverait en s'y perfectionnant, les urines y seraient recueillies, de l'eau, des herbes inutiles s'y transformeraient en engrais. Ce n'est pas tout : les étables et les écuries ne seraient plus elles-mêmes des fosses à fumier, et le bétail ne serait plus exposé à cette foule de maladies dont les causes résident dans des étables mal tenues, comme l'a très-bien démontré le respectable M. *Tessier*, dans un livre classique sur cette importante question vétérinaire.

Ainsi, Messieurs, de quelque côté que l'on considère la nouvelle pratique qui fait l'objet de ce Rapport, tout annonce qu'elle est destinée à exercer une grande et heureuse influence sur l'agriculture. En étudiant la composition et les effets de ce qu'on appelle la gadoue artificielle, on pourra découvrir des engrais plus riches, et plus sûrs encore. On apprendra à apprécier avec plus de certitude l'activité puissante et quelquefois dangereuse du plâtre et de la chaux dans leurs usages comme engrais. On imprimera des vertus fertilisantes à des substances jusqu'ici négligées comme inutiles ou repoussées comme nuisibles. La terre multipliera pour nous ses dons; car, qui le sait mieux que vous, Messieurs? Elle ne sait mettre d'autres bornes à sa libéralité que celles de notre travail et de notre industrie. Tandis que l'art du labourage se perfectionne par une heureuse application de lois de la mécanique, que l'art de fumer s'éclaire par le flambeau de la chimie! Et souvenons-nous toujours du précepte de notre vénérable *Olivier de Serres* :

Le bien labourer et le bien fumer, c'est tout le secret de l'Agriculture.

Ne devons-nous aucun témoignage de reconnaissance aux agronomes qui, les premiers ont répandu autour de nous un nouveau moyen de fumer la terre. Et MM. *Fantet*, *Chédecalle* et *Bouché* n'ont-ils pas des droits à votre estime? Ils en ont sans doute ; votre Commission vous propose de leur en donner un honorable gage en leur décernant, à chacun, une médaille d'argent. Elle vous propose aussi d'accorder, à titre de gratification, une somme de cinquante francs au polonois *Kriepht*, qui a instruit ces cultivateurs zélés de la méthode précieuse usitée dans son pays.

Signé, *Rey-Monléan*, *Leroy-Jolimont*, le docteur *Saissy*, *Deschamps* père, *Barre*, *Madiot*, le docteur *Terme* ; Membres de la Commission, et *Grognier*, Rapporteur.

Les conclusions du Rapport ont été adoptées par la Société.

Signé DELHORME, Président.

www.ingramcontent.com/pod-product-compliance
Ingram Content Group UK Ltd.
Pitfield, Milton Keynes, MK11 3LW, UK
UKHW020443180726
13839UKWH00004B/1602

9 782329 567402